图说 火电厂安全生产
典型违章 200 例

主　编　孙海峰
副主编　吴泽晨　韩　路　陈小强　杨亚军
参　编　刘长科　高社民　马　庆　张　君　李琪勇

（彩图版）

中国电力出版社
CHINA ELECTRIC POWER PRESS

图书在版编目（CIP）数据

图说火电厂安全生产典型违章200例／孙海峰主编. —北京：中国电力出版社，2017.3
ISBN 978-7-5198-0372-8

Ⅰ.①图… Ⅱ.①孙… Ⅲ.①火电厂—安全生产—违章作业—图解 Ⅳ.① TM621‑64

中国版本图书馆 CIP 数据核字（2017）第 024710 号

出版发行：中国电力出版社
地　　址：北京市东城区北京站西街 19 号（邮政编码 100005）
网　　址：http://www.cepp.sgcc.com.cn
责任编辑：畅　舒　（010-63412312）
责任校对：郝军燕
装帧设计：张俊霞　左　铭
责任印制：蔺义舟

印　刷：北京博图彩色印刷有限公司印刷
版　次：2017 年 3 月第一版
印　次：2017 年 3 月北京第一次印刷
开　本：889 毫米 ×1194 毫米 48 开本
印　张：4.625
字　数：85 千字
印　数：0001—2000 册
定　价：28.00 元

内 容 提 要

  为深入开展安全生产反违章活动，本书结合火电厂现场作业实际，将火电厂典型违章的图片进行分类、梳理，注明违章点，以便现场人员加深理解和记忆。本书是火电厂开展"安全生产反违章"活动的配套参考书，通过学习本书，现场人员可提高反违章意识，掌握规章制度，提高工作技能，并更好地夯实安全生产工作基础。

前　言

　　违章行为是指不良的作业、工作习惯和错误做法，并在现场生产、施工或检修作业过程中违反规程、规定或制度的行为，具有一定的顽固性、潜在性、感染性和排他性。其成因和危害表现大致有以下 6 种。

　　（1）不知不觉的违章：员工对每项工作程序应该遵守的规章制度根本就不了解，或一知半解，工作起来凭本能、热情和习惯。

　　（2）盲目蛮干的违章：员工往往工作雷厉风行，但工作方法简单粗暴，不拘小节，在心理上视小心谨慎为婆婆妈妈，有一定的技术能力，就把遵章守制放在一边，凭经验工作，很少能听进别人的劝告，这种违章不出事故就混过去了，一旦发生事故就有可能是大事故。

　　（3）麻痹大意的违章：员工在工作中粗心大意，对工作不认真，马马虎虎，心不在焉，需要经常给他敲警钟，工作时总是需要有人在一边提醒，不安全因素始终围绕在这种人的身边转，时刻都有发生事故的可能。

　　（4）得过且过的违章：员工在工作中缺乏积极性，做一天和尚撞一天钟，发现安全问题，也不及时制止或纠正，自保意识差，把生命的保护措施交给别人，一旦放松管理，就有可能发生事故。

（5）心存侥幸的违章：员工在过去的工作中偶尔发生过违章，但都没有出过事，便认为这样干也不会发生事故，一旦环境、设备、人员发生变化，就很可能引发事故。

（6）贪图安逸的违章：员工在工作中不求上进，平时不注意学习，技术水平一般，一旦遇到紧急任务，就仓促上阵不顾安全。这种人在大型工作时随着其他人一起工作还可以，自己单独工作哪怕从事简单的工作时都有可能发生事故。

有些员工往往对潜在的一些习惯性违章行为不以为然，一旦出了事故才追悔莫及。支配习惯性违章行为的心理不改变，习惯性作业方式不纠正，习惯性违章行为就会反复发作，严重地妨碍着安全规程、安全制度的贯彻执行，危及安全生产，它是事故的温床和祸根，是安全的大敌和杀手，是管理的漏洞和死角。

抓好反违章工作是一项长期的工作。为了杜绝违章，我们必须加大安全教育的力度，不断提高员工的安全意识，营造一个"以人为本，遵章守法，珍惜生命，保证安全"的安全氛围。必须全面规范员工的作业行为，加强岗位技术培训，不断提高员工操作技能，加大对生产现场的监督检查及考核处罚力度。

本书采用图片配以文字说明的形式，介绍了在火电厂生产过程中，常见的典型违章现象。全书共分三部分，分别是管理性违章、行为性违章和装置性违章，基本囊括了发电厂生产现场常见的各种违章情况。通过学习本书，现场人员可提高反违章意识，掌握规章制度，提高工作技能，并更好地夯实安全生产工作基础。

编者

Contents　　目　录

一、管理性违章

1. 安全制度

（1） 安排未经技术培训、《安规》考试合格的人员上岗工作。

（2）开工前，安全交底不认真，没有针对性。

（3） 工作人员变更岗位或离岗三个月以上，未经考试合格即上岗工作。

（4）无焊工资质人员擅自动用火焊烤把加热对轮。

无焊工证。

无特种车辆驾驶证。

（5） 无证人员从事特种作业操作（焊工、行车工、起重工、架子工、电梯工、机动车辆驾驶工等）。

（6） 安排对设备不熟悉的人员顶岗。

上班人数			星期：一 杨断海 5陆东 任达
请假人员	郭宋江 郭辰华 邓建营 杨一鸣		志书 禁示古
运行机组	#1~#5k		检

未进行危险点预控、安全交底。

号	工作记事
	班前会：#6k启动前准备工作必须认真，所有缺陷必须消除。#2kB #5kB大修准备工作抓紧时间。加强对运行设备的维护检修，保障设备的良好状态。
	1. 文明生产：设备消缺 梁光军 关俊峰 韩建军 刘赖贤 蕾永娃
	2. 抽灰 涂君秀 薛小云 潘引祥
	3. 磨辊准备 黄魏林军 王红军 牟房龙
	4. #5kc 磨折板 贾明 平和平 刘建兵

（7） 班前会未进行危险点预控，未进行安全交底。

（8）交接班执行不严肃，有不到现场现象。

（9） 夜间值班消缺时一人工作。

（10） 班组人员技能、身体状况等综合条件与工作不匹配。

临工进行电气检修操作。

（11） 安排临工参与带电作业，存在极大的安全隐患。

（12）安全保障体系作用发挥不充分，违章行为屡有发生，管理人员不问不管。

（13） 对临工的管理未等同于正式工，存在放任自流的现象。

一、管理性违章

2.日常管理

今天检查一下安全情况，下一次啥时候检查再通知。

（14） 对辖区安全生产工作没有定期进行检查、整改，制定相关防范措施、落实相关责任。

（15） 工作负责人对自身安全职责不清或落实不到位。

（16）部门（班组）在安全事件原因分析、责任落实、思想教育落实方面走过场。

（17） 班长在安全管理中存在只指出而不想考核的现象。

管理人员不参加班组安全会。

（18）班组安全会没有管理人员参加，不能做到全员参加。

（19） 设备隐患未及时排查，未组织制定预防事故的应急措施。

（20）部门专业管理人员对班组当日工作指导不够到位。

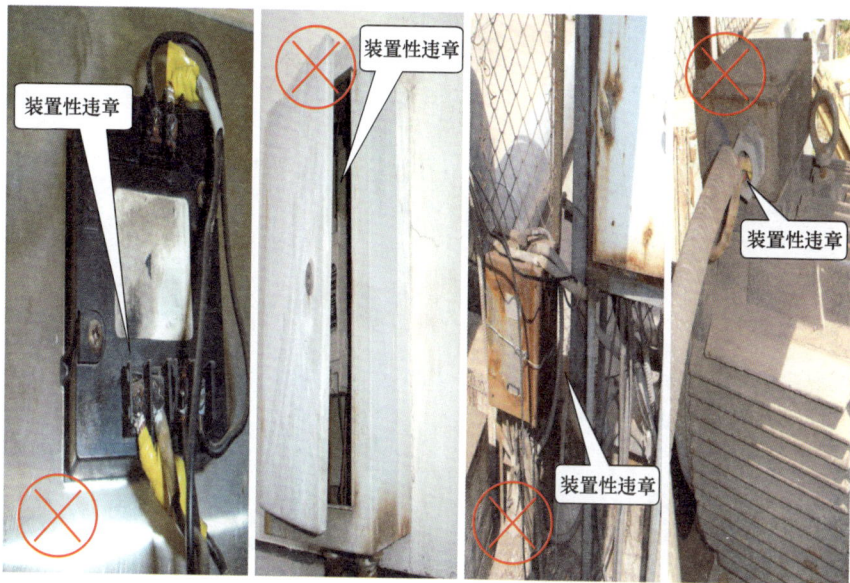

装置性违章

装置性违章

装置性违章

装置性违章

（21）　对现场装置性违章不能彻底整改。

（22） 新入厂的生产人员未组织三级安全教育，或未对员工按规定组织《安规》考试。

（23）　针对不安全事件不能认真分析，制定相关防范措施。

（24） 设备变更或系统改变后相应规程、图纸没有及时修订。

（25） 安排或默许无票作业、无票操作。

乱堆乱放。

杂物乱扔。

(26) 通道、楼梯和平台等处放置杂物，阻碍通行。

（27） 电话约时停、送电。

小王，你今天的违章行为，今后不能再犯，下不为例。

（28） 安全教育、违章行为处理不严肃、不认真。

（29） 对已发现的危及人身安全的违章行为，不制止、不纠正。

（30） 对安全活动重要性认识不足，存在应付、走过场现象。

这次班组安全活动就念几条《安规》听听得了。

（31） 安全活动、安全教育没有针对性。

（32） 安全工作不能持之以恒，不是时时、事事、处处讲安全，而是施工不忙讲一阵、出了事故抓一阵、来了检查忙一阵。

（33） 安全活动流于形式，对现场存在的各类安全隐患了解不够，安全措施针对性不强。

（34） 不能按照"四不放过"原则认真分析事故原因，制定防范措施。

一、管理性违章

3. 违章指挥

（35） 不了解设备、运行方式和现场机组运行与检修情况，到生产现场越过值长、值班长和检修工作负责人，直接指挥运行操作（包括事故处理）。

（36） 在安全条件不具备的情况下，强令员工冒险作业。

（37） 指派无操作证的员工到特殊岗位顶岗。

（38）为了抢工期、赶任务，未执行安全技术措施，未执行标准操作卡，冒险作业。

（39） 起重现场不按规定不设专人指挥，手势不符合规定。

（40）　在安全隐患未整改的情况下，强令员工继续进行作业。

（41）强令女工从事禁忌作业。

（42） 在布置工作任务时，安排人力不足，工期过紧，工作人员赶工期、赶进度，忽略安全措施。

（43） 工作中安全意识淡薄，重生产、轻安全，违章指挥行为时有
发生。

二、行为性违章

1. 安全文明生产

（44） 进入生产现场，不按规定佩戴安全帽。

长发未盘入帽内。

（45） 女工长发未盘入安全帽内。

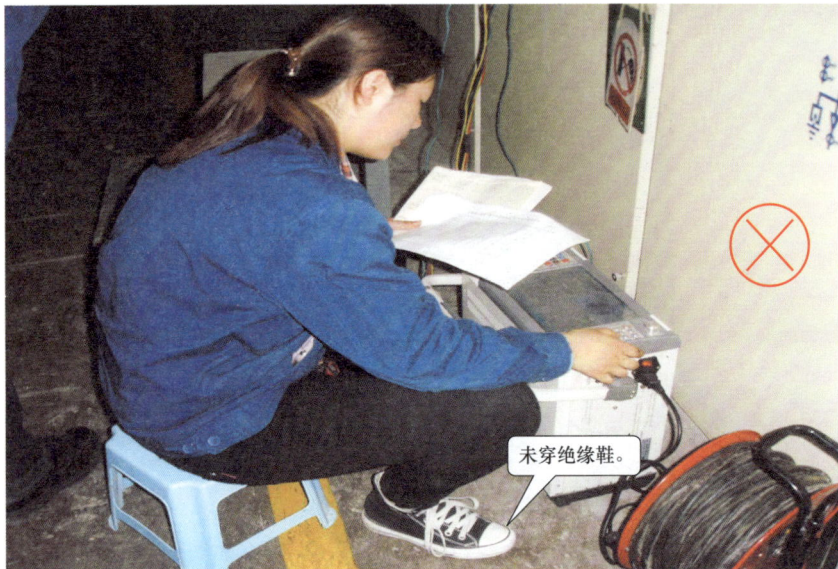

未穿绝缘鞋。

（46） 生产现场未按规定穿绝缘鞋。

安全带低挂高用。

（47） 高处作业虽系了安全带，但安全带所挂位置低于工作人员，使安全带失去防护作用。

（48）　进行电气操作，不戴绝缘手套。

袖子挽起。

（49） 工作时工作服袖子挽起。

用抹布擦拭设备转动部分。

（50）戴手套或用抹布擦拭设备转动部分。

跨越输渣皮带。

（51） 不走通行道，跨越运行中的皮带、输渣输煤机。

翻越围栏。

（52） 擅自穿越安全警戒区或翻越安全围栏。

未戴安全帽。

未穿反光背心。

（53） 进入采制样、煤场区域，不戴安全帽、不穿反光背心。

干活时吸烟。

（54） 一边干活，一边吸烟。

上班期间睡觉。

（55） 上班期间打盹、睡觉。

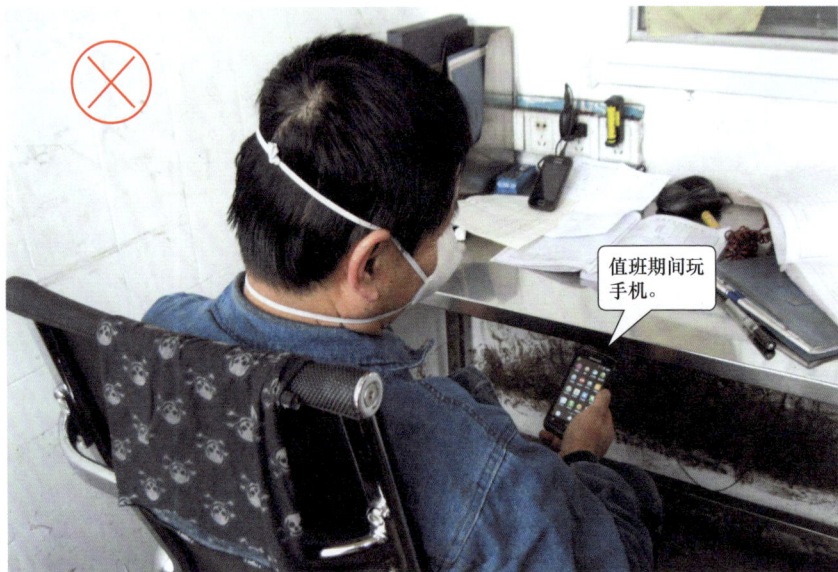

（56）值班员做与工作无关的事（打电话聊天、玩手机等）。

进入电子设备间，
使用对讲机。

（57） 进入电子设备间，使用无线通信设备。

二、行为性违章

2. 工作票、操作票

开始时间被修改。

结束时间被修改。

××发电有限公司操作票

| 单位：中控一班 | | No：宋二2014-11-0… |

| 操作开始时间：2014-11-11 22:30 | | 操作结束时间：2014-11-11 22:42 |

| 操作任务： | #6机循环泵C电动机静态联锁试验 | 已执行 |

√	序号	操作项目：
√	1	拇令
√	2	检查#6机循环泵C所有检修工作结束，工作票办理完结
√	3	核对待操作设备确为#6机循环泵C电动机开关
√	4	检查#6机循环泵C电动机开关操作方式选择小开关在"就地"位置
√	5	检查#6机循环泵C电动机开关在"试验"位断开
√	6	检查#6机循环泵C电动机开关接地刀闸断开
√	7	检查#6机循环泵C电动机开关"保护跳闸压板"投入
√	8	检查#6机循环泵C电动机开关二次插件插好
√	9	合上#6机循环泵C电动机开关控制电源小开关DK1

(58) 操作票票面涂改。

接地刀（线）名称 汽炉胶硫浆液循环泵A 开关地刀	接地刀（线）名称 汽炉脱硫浆液循环泵 A 开关电力
合上（装设）	拉开（拆除）
地点 汽炉胶硫配电室	地点 机炉脱硫配电室 已拆除
时间 2014 年 04 月 17 日	时间 2014 年 04 月 18 日
操作人（监护人）李小良 王霞	操作人（监护人）刘升 立成

未写清设备间隔。

（59） 工作票、操作票、停送电通知单、接地线登记等盖章不规范。

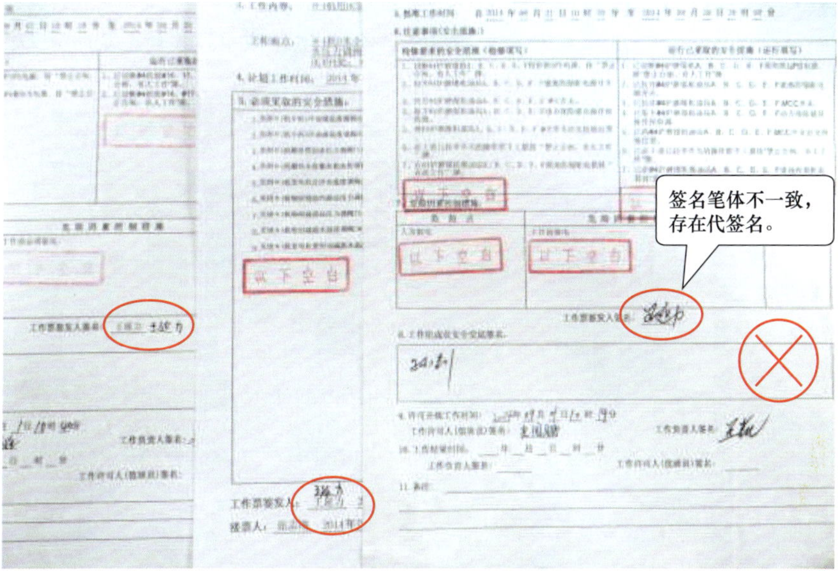

（60） 工作票存在代签名现象。

××发电有限责任

××发电有限责任公司二级动火工作

机械检修分部	班 组	锅炉本体班

动火工作票。

#2炉4层半×3角处

#2炉E磨×3角一次风管

#2炉E磨#3角一次风管消漏

持有部门 森柯检修部 编号：宝032011120127

⊗

附页：_0_张

附页栏应填写"1"。

已终结

自 2014 年 10 月 22 日 11 时 42 分至 2014

次风管消漏

小测作现场可燃气体浓度合格.

以下空白

处

月 22 日 11 时 37 分开始 至 2014 年 10 月 22 日 20 时 00 分完结

	6.措施执行情况
	∧∨

（61） 工作票附页填写错误。

公司(热力)机械工作票

班组：脱硫脱硝班　　　持有部门：

1.工作负责人：

2.工作成员：

共　3　人

3.工作内容：1期脱硫=3炉吸收塔内部检修及浆液循环泵（A.B.C）和

工作地点：1期脱硫=3炉吸收塔内部和循环泵泵房内

4.计划工作时间：2014年09月28日15时50分开始 至 2014年1

6.必须采取的安全措施：

7.运行值班人员补充的安全措施：

1.合上3炉脱硫循环泵A接地刀闸

2.合上3炉脱硫循环泵C接地刀闸

以下空白

9.危险因素控

检修内容为 ABC 脱硫循环泵检修，安全措施只有合上 AC 泵接地刀闸。

危险点	危险因

（62）　工作票安全措施不全，工作票不合格。

9.危险因素控制措施：

危 险 点	危 险 因 素 控 制 措 施
措施不全 拆装设备 工器具伤人	工作票上安全措施必须齐全，并已认真执行。 防止人员配合不协调造成伤害。 严格按工器具的使用要求操作。
以 下 空 白	以 下 空 白

控制措施没有针对性。

10.批准工作时间：自 2014 年 07 月 01 日 09 时 30 分至 2014

（63）工作票危险因素控制措施没有针对性。

…开#1机组6S4M脱硫段电源进线开关(6S42B)控制电源、储能电源以及交流电压小开关; …开#1机组6S4M脱硫段母线PT(6S4MPT)二次小开关; …开#1机组6S4M脱硫段电源64BM段(6S42B)PT二次小开关; 以下空白	16、已开#1机组6S4M脱硫段电源进线开关(6S42B)控制电源、储能电源以及交流电压小开关; 17、已开#1机组6S4M脱硫段母线PT(6S4MPT)二次小开关; 18、已开#1机组6S4M脱硫段电源64AM侧(6S42A)PT二次小开关; 19、已拉#1机组6S4M脱硫段电源64BM段(6S42B)PT二次小开关; 以下空白
…装接地线(注明地点) 含上#4机组64AM段脱硫电源开关(6S41A)接地刀闸; 含上#4机组64BM段脱硫电源开关(6S41B)接地刀闸; …#4机组6S4M脱硫段6KV母线上装设接地线一组; 以下空白	已装接地线(注明接地线编号和装…) 1、已合上#4机组64AM段脱硫电源开关(6S41A)接地刀闸; 2、已合上#4机组64BM段脱硫电源开关(6S41B)接地刀闸; 3、已在#4机组6S4M脱硫段6KV母线上装设接地线一组; 以下空白
…设遮拦、应挂标示牌 在上述已拉开关操作把手上悬挂"禁止合闸,有人工作"标示牌各一块; …(6S42B)间隔处悬挂"在此工作"标示牌各一块; 在#4机组脱硫6KV配电室6S4M脱硫段母线处悬挂"在此工作"标示… 以下空白	已设遮拦、已挂标示牌(注明地点) 1、已在上述已拉开关操作把手上悬挂"禁止合闸,有人工作"标示牌各一块; 2、已在#4机组脱硫6KV配电室6S4M脱硫段电源进线开关(6S42A)、(6S42B)间隔处悬挂"在此工作"标示牌各一块; 3、已在#4机组脱硫6KV配电室6S4M脱硫段母线处悬挂"在此工作"标示牌。 以下空白

未登记接地线编号。

(64) 未登记接地线编号。

××发电有限责

: 机械检修分│ 班组： 脱硫脱硝班 _____ 持有部门：机械检修分厂 编号：宝03201410/0

工作负责人： 贾新科 _____

工作成员： 郭英杰 _____

共： 2 人

附页： 0

工作内容： 一期脱硫#2滤布脱水机检修

已终结

工作地点： 一期脱水楼 ──── 工作地点不具体。

计划工作时间： 2014 年 10 月 07 日 08 时 24 分开始 至 2014 年 10 月 16 日 00 时 24 分

必须采取的安全措施：	6.措施执行情况
1.切断一期脱硫#2滤布脱水机电机电源，挂"禁止合闸，有人工作"牌。	八√

以下空白

（65） 工作票工作地点不具体。

（66）电气操作无票作业。

动力保险未取。

工作负责人： 程宙飞　　班组： 电机电缆班　　部门： 电控检修部
工作班人员： 樊宪民
工作任务： #2炉溢流水泵A、B电机检查
工作地点： #2炉溢流水泵A、B电机处
计划工作时间：自 2015 年 08 月 22 日 13 时 49 分 至 2015 年 08
工作条件(停电或不停电)： 停电
批准工作时间：自 2015 年 08 月 22 日 14 时 05 分 至 2015 年 08 月 2
安全措施(注意事项)：　　值班负责人签名： 何涛　　2015 年

检修要求的安全措施(检修填写)	运行已采取的安全措施(
1、拉开#2炉溢流水泵A、B开关、取下其操作保险器。 2、拉开#2炉溢流水泵A、B刀熔开关、取下其动力保险器。 3、取下#2炉溢流水泵A、B开关操作保险器。 4、取下#2炉溢流水泵A、B刀熔开关动力保险器。 5、在上述已拉开开关的操作把手上悬挂"禁止合闸、有人工作"标示牌。 6、在#2炉溢流水泵A、B电机处悬挂"在此工作"标示牌。	1、已拉开#2炉溢流水泵A、B 2、已拉开#2炉溢流水泵A、B 险器。 3、已取下#2炉溢流水泵A、B 4、已取下#2炉溢流水泵A、B 5、已在上述已拉开开关的操 闸、有人工作"标示牌。 6、已在#2炉溢流水泵A、B电 示牌。

7、危险因素控制措施：

危险点	危险因素控制措施
人易触电	工作前核对设备名称开盖电。

（67）　现场安全措施与工作票不符，存在漏项。

工作场地
未清理。

（68） 工作终结未做到工完、料净、场地清。

（69） 电气倒闸操作，无人监护。

二、行为性违章

3. 安全措施

未设置通风机。

（70） 进入易造成人员窒息的环境或区域内工作，未采取防范措施。

未穿防护服。

（71） 汽包双色云母水位计泄漏，解列操作时未穿防护服。

单人进行炉底清焦操作，无人监护。

（72） 单人进行炉底清焦操作，无人监护。

未进行验电。

HF-01型电除尘器高频电源

(73) 开工前，不检查安全措施，不验电。

误用电气禁
止操作牌。

（74） 电气、热机禁止操作牌混用。

围栏挪为他用。

（75） 现场设置的各种安全设施（如盖板、围栏等）挪为他用。

扳手不具备绝缘。

未戴绝缘手套。

（76）更换发动机碳刷时，使用不合格的工器具，未戴绝缘手套。

未戴手套。

（77） 对违章现象熟视无睹，自保、互保意识不强。

（78）夜间巡查设备不使用手电筒、对讲机。

启动设备，未通
知现场人员。

（79）设备启动前未使用呼叫系统。

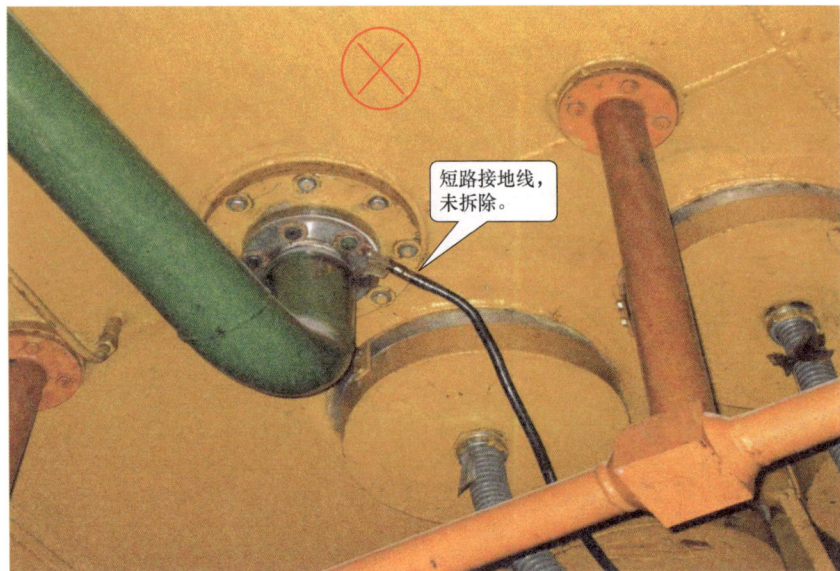

短路接地线，
未拆除。

（ 80 ）　电气检修人员装设短路接地线，工作后未拆除。

私自操作设备。

（81） 检修人员私自操作设备。

与带电体安全距离不够。

（82） 检修人员工作，与带电设备安全距离不足。

观察炉内燃烧，
未戴看火镜。

（83）检查炉膛火焰，不戴看火镜。

二、行为性违章

4. 运煤、输煤

在机车轨道上行走。

（84）不按规定的设备巡查路线和巡查时间进行设备巡查。

（85）设备运行中，清理滚筒下积煤。

单人进入集样室操作。

（86）单人进入汽车采样机集样室进行操作。

在自燃煤堆上方作业。

（87）存煤自燃时，在煤堆上方作业及灭火。

用斗轮机清理自燃煤。

（88）用斗轮机直接清理带火的自燃煤。

使用推煤机拖车。

（ 89 ） 使用推煤机、装载机拖车。

斗轮机、推煤机交叉作业，安全距离不够。

（90）斗轮机和卸煤机交叉作业，没有保持足够安全距离。

煤堆坡度大于60°。

（91） 煤堆没有边坡，断崖留下安全隐患。

除铁器未运行。

（92） 皮带运行而除铁器未运行。

跨越输煤皮带。

（93） 工作中跨越运转中的输煤皮带、卷扬机牵引绳。

向皮带撒煤，以校正皮带。

（94）采取非正常方法消缺，如皮带跑偏时采用向滚筒撒煤方式校正皮带。

盲目穿越铁道。

（95） 穿过铁道时不瞭望。

车厢未及时落下。

（96） 拉煤车卸完煤未及时将车厢落下。

通过运行中的斗轮机悬臂。

（97） 拉煤车从运行中的斗轮机悬臂下通过。

二、行为性违章

5. 高处摔跌

安全带低挂高用。

（98） 在未装设栏杆的梯子、平台、钢结构或脚手架上工作，高度超过 1.5m 时，未系安全带。

工具未放入
工具袋。

（99）高处作业未使用工具袋，或较大的工具未用绳子拴在牢固的构
件上，或随便乱放。

攀爬脚手架。

（100） 上下脚手架不走斜道或梯子，沿绳、脚手立杆、栏杆或借构筑物攀爬。

手抛工具。

(101) 检修、维护设备工作中，手抛工具进行工具传递。

高处抛撒废料。

(102) 高处抛撒废料、垃圾。

支撑物不够稳固。

(103) 把梯子架设在不稳固的支撑物上。

井盖未及时恢复。

（104） 下水井盖未及时盖好。

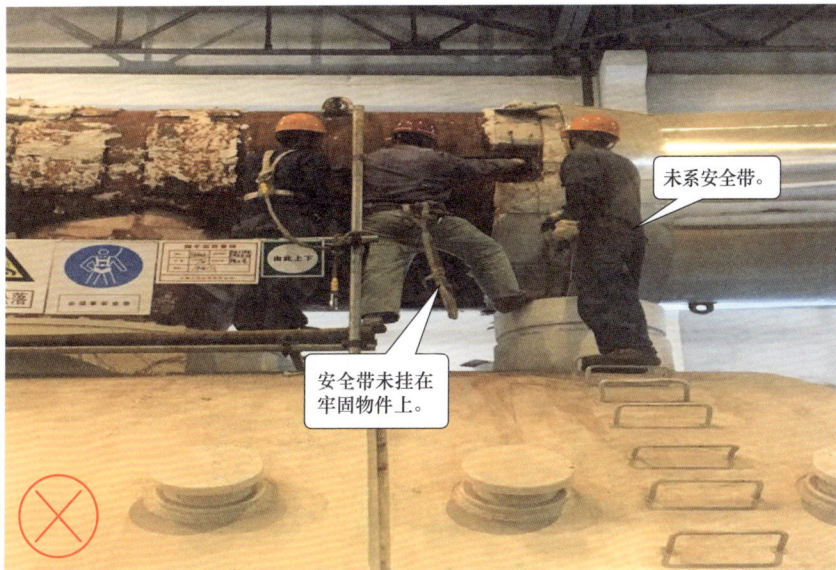

未系安全带。

安全带未挂在牢固物件上。

(105) 在高于地面 1.5m 处作业，安全带未挂在牢固物件上。

无限制开度
拉绳。

（106） 人字梯无限制开度的拉绳。

未设置隔离区及警告牌。

（107）高处作业下方应设置隔离区，并设置明显的警告牌。

二、行为性违章

6.机动车及起重

人员未系安全带。

(108) 调车员站在行进的车辆踏梯上，未系安全带或未使用专用安全带。

人员登上移动中的机车。

（109） 机车未完全停止前，上下车。

无制动灯。

车辆灯光不全。

（110） 使用无制动、灯光不全的车辆。

119

超速行驶。

(111) 机车未遵守限速规定，超速行驶。

驾驶室载人。

（112） 推煤机、装载机驾驶室载人。

人员穿越吊装警戒区域。

（113） 人员穿越吊装警戒区域。

吊物与人员过近。

（114）起吊重物时，人员距起吊物过近。

人员未撤离吊装区域。

(115) 起重机吊物时，在吊杆和吊物下停留或行走。

利用电缆桥架起吊。

(116) 借助栏杆、脚手架等非起吊设施作为起吊重物的承力点。

宝二发电公司
起 重 作 业 许 可 卡

编号：＿＿＿＿＿

工作单位：＿＿＿＿＿＿ 班组：电机 起重级别：一类 工作负责人：李国年

工作任务（内容）：#4机凝结泵AB起吊

工作地点：#4机12.6米（汽机房）

起重机械名称：#275/20T行车 起吊实物名称：#4机凝结泵、电机

起重机械检查情况：检查良好 检查人：王坤

起重指挥人：汪海波 起重操作人：王坤 捆绑负责人：汪海波

工作开始时间：＿＿＿年＿＿月＿＿日＿＿时＿＿分

人员到位情况：＿＿＿＿＿＿＿＿＿＿＿

审核人：杨晓超 批准人：杨晓超

注：1．工作卡由工作负责人在起重工作中随身携带。　2．工作结束后此工作卡保存三个月。

> 时间、人员到位
> 情况未填写。

（117）起重作业卡执行不规范。

二、行为性违章

7. 焊接、切割及磕碰

未穿绝缘鞋。

(118) 在潮湿地方进行电焊工作，焊接工作人员未站在干燥的木板上或未穿绝缘鞋。

未戴护目镜。

(119) 进行电焊工作时未戴护目镜。

接线不符合要求。

（120） 电焊机电缆接线不规范。

乙炔应用红色软管，氧气应用蓝色软管。

未用红色标注"乙炔"字样。

（121） 橡胶管线使用错误，乙炔瓶体未用红色标注"乙炔"字样。

间距少于 5m

（122） 使用中的氧气和乙炔瓶未垂直放置，或两瓶之间少于 5m。

插头未拔。

（123） 电动工具更换砂轮片、内磨头时不停电。

砂轮片有破损。

（124） 电动工具检查不认真，使用有裂纹的砂轮片、角磨片等。

未戴防护手套。

（125） 使用角磨时不戴防护手套。

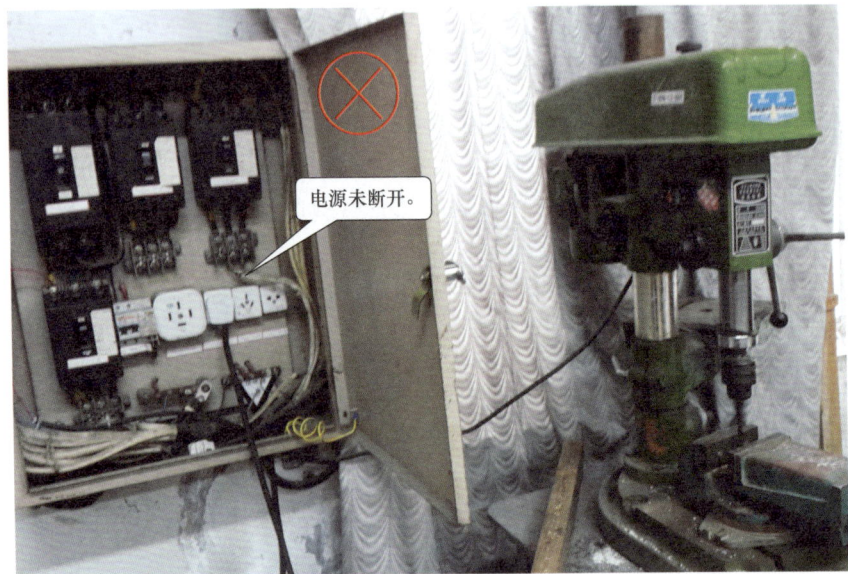

电源未断开。

（126） 检修间的台钻及砂轮机在不使用期间未断开电源。

未戴护目镜。

（127）使用砂轮机或无齿锯时，不戴或中途摘下护目镜。

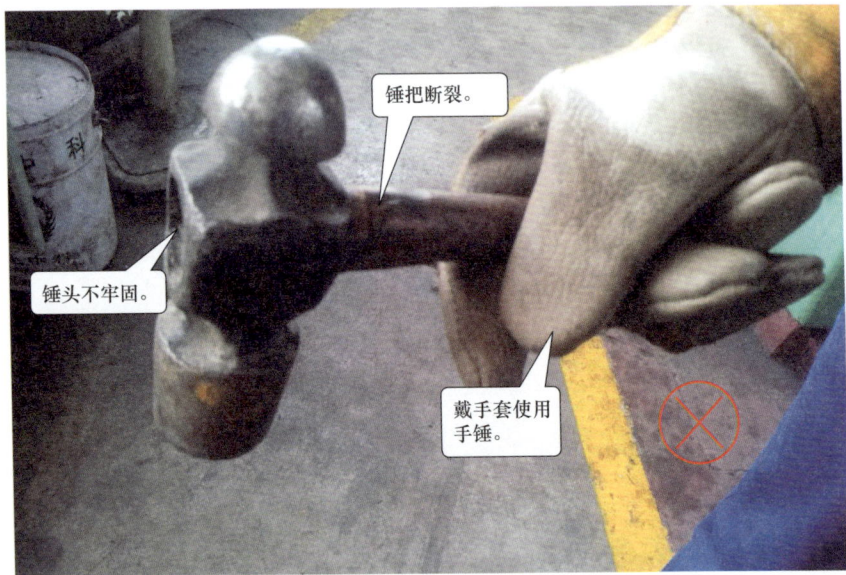

锤把断裂。

锤头不牢固。

戴手套使用手锤。

（128） 手锤锤头不牢固，锤把断裂；戴手套使用手锤。

戴手套抡大锤。

（129） 戴手套抡大锤或单手抡大锤。

二、行为性违章

8.防火、防爆

在禁烟区吸烟。

（130） 在厂区禁烟区内吸烟。

油桶及油棉纱未清理。

（131）动火作业前未办理动火工作票，未清理现场易燃物。

动火作业现场
无消防器材。

（132） 动火作业现场未配备消防器材。

消防器材挪为他用。

(133) 消防器材挪为他用。

工具未涂抹黄油。

（134）制氢站工作未使用防爆工具，使用钢质工具时，未涂抹黄油。

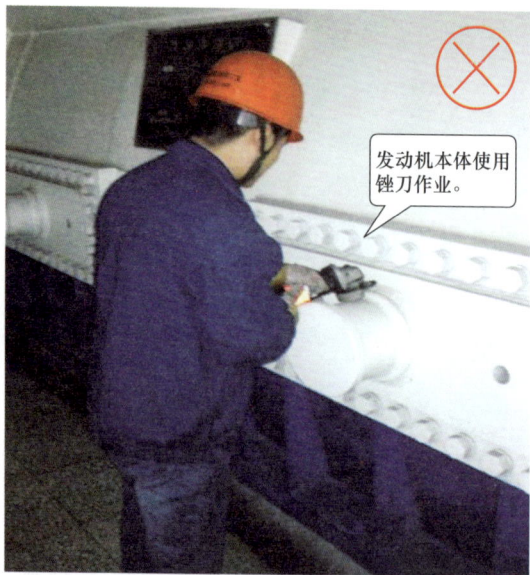

发动机本体使用锉刀作业。

（135）　在充氢的发电机 12.6m 平台附近使用能产生火星的机具。

积粉未及时清理。

（136） 制粉系统设备、管道积粉，存在火灾隐患。

手机未关闭。

119 5035 5135
火警电话

5038 5039
救护电话

泡沫消防
装置室

（137）　进入油库未关闭手机。

（138） 进入油库不按规定进行登记。

生产车间
存放油桶。

（139） 工作场所存放易燃物品。

未进行放电。

（140）进油库前未在放电板上放电。

棉布随意乱放。

棉布随意乱放。

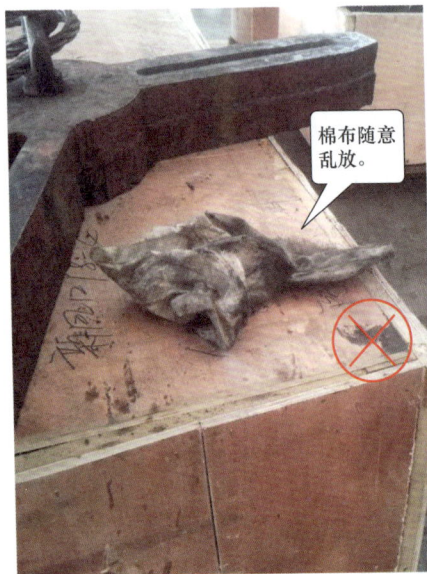

（141） 现场用过的擦拭材料、废棉纱乱扔，未能放在铁箱内，定期清除。

9.电　　气

无检验合格证。

（142） 使用未经检验或不合格的电动工具。

绝缘损坏。

插头裂开。

(143) 使用绝缘损坏、电源线护套破裂、保护线脱落的电动工具。

155

电源插头未拔。

（144） 使用电动工器具时，因故离开工作场所或暂停作业时未即时
切断电源。

插头破损。

（145） 电动工具电源线插头破损。

导线直接
插入插座。

（146）导线直接插入电源插座内取电。

手提电源线。

（147） 使用电动工具时，手提电源线移动。

无漏电保护器。

（148） 在锅炉、金属容器、管道内使用没有装漏电保护器的电动工具。

私拉乱接
临时电源。

(149) 私拉、乱接临时电源。

接线盒未盖好。

控制盘柜门未关闭。

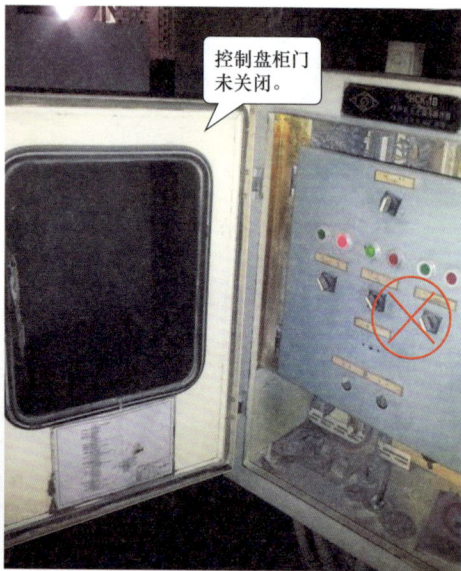

（150） 检修或巡检后不及时关闭接线盒、控制盘柜门。

(151) 电气试验人员不认真查线，盲目通电。

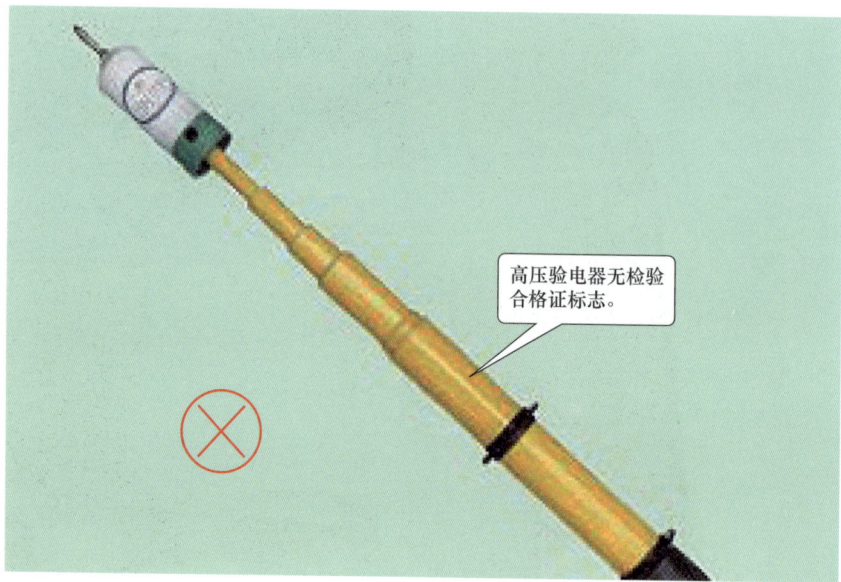

高压验电器无检验合格证标志。

（152）绝缘工具、高压验电器未按规定定期试验，工作中使用过期的绝缘工器具、高压验电器。

使用 220V 电压等级照明灯具。

（153） 在密闭容器内或者特别潮湿场所，行灯电压等级超过 12V。

未戴防护手套。

电源插头
未拔。

（154）装卸钻头时未切断电源，未戴防护手套。

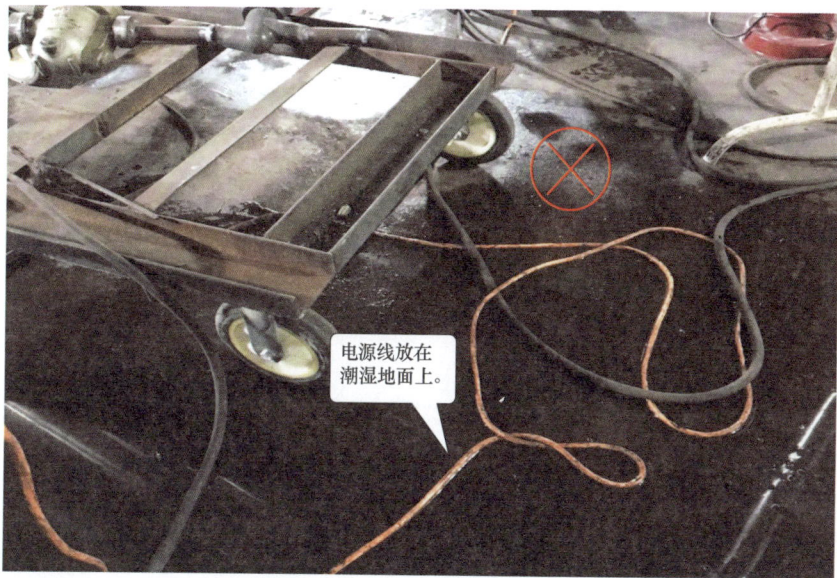

电源线放在
潮湿地面上。

（155） 电气工器具电源线放在潮湿地面上。

三、装置性违章

1. 安全设施

围栏设置不规整。

（156） 现场设置的安全围栏不规整。

盖板未恢复。

围栏未恢复。

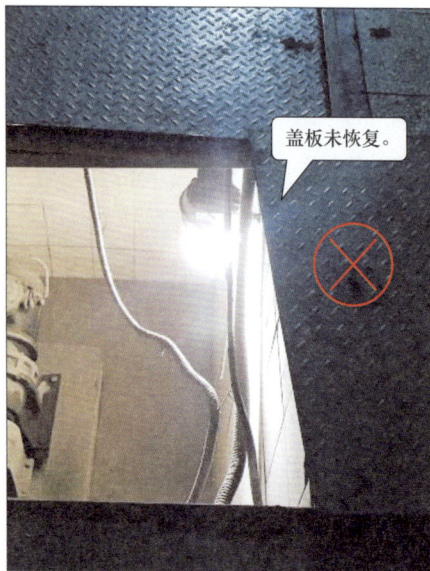

（157） 检修中拆除的栏杆、护板及设备护罩，工作结束后未及时恢复。

护栏已严重锈蚀。

护栏已锈蚀。

(158) 现场设置的安全防护栏锈蚀。

无脚部护板。

（159）护栏没有安装高度大于 100mm 的脚部护板。

照明灯不亮。

(160) 通道、平台以及作业现场照明亮度不足。

未加装护笼。

（161）　直爬梯未按照规定加装护笼。

拆除的楼梯随意堆放。

(162) 平台、栏杆、楼梯等安全设施不经批准随意拆除，拆除后随意堆放。

必须戴安全帽

当心坠落

护栏断开。

钢筋断开。

（163） 现场围栏不牢固，无护板或者栏杆高度不足 1050mm。

无防滑纹路。

（164） 铁板楼梯踏板表面无防滑纹路。

未设置围栏及悬挂警告牌。

(165) 临时移动孔洞、沟道等盖板或栏杆时，不设围栏，不挂警告牌，不设专人看守。

阀门下部无操作平台。

（166） 高于地面 1.5m 需经常操作的阀门未设置操作平台。

三、装置性违章

2. 安全设备

操作手柄不按
规定放置。

操作手柄随意
放置。

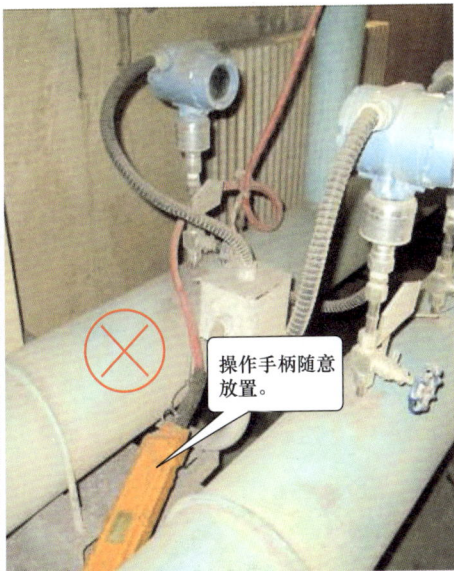

（167） 磨煤机过轨吊操作手柄放置不规范。

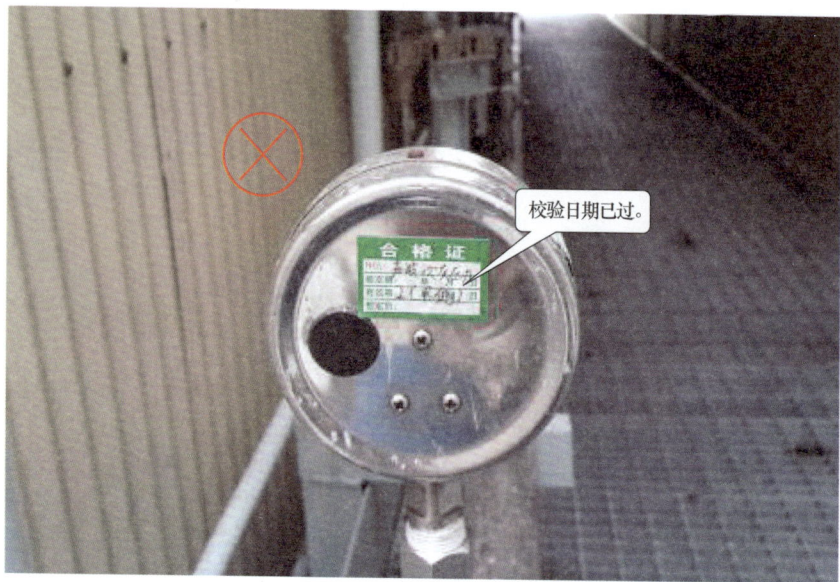

校验日期已过。

合 格 证

（168） 现场使用的压力表、温度表已超过校验日期。

保温不全。

（169） 高温管道、阀门保温不全。

未进行固定。

消防器材放置不规范。

（170）生产现场乙炔、氧气瓶、消防器材放置不规范。

（171） 重要区域报警器虚设。

防护罩缺失。

（172） 机械转动部分无防护罩。

无防震胶圈。

保险帽缺失。

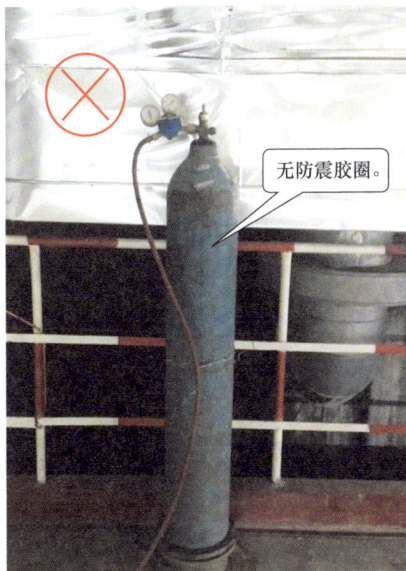

（173） 氧气瓶、乙炔瓶等无防震胶圈、防护帽。

（174）生产现场电梯无检验合格证或已超过检验日期。

三、装置性违章

3. 电气设施

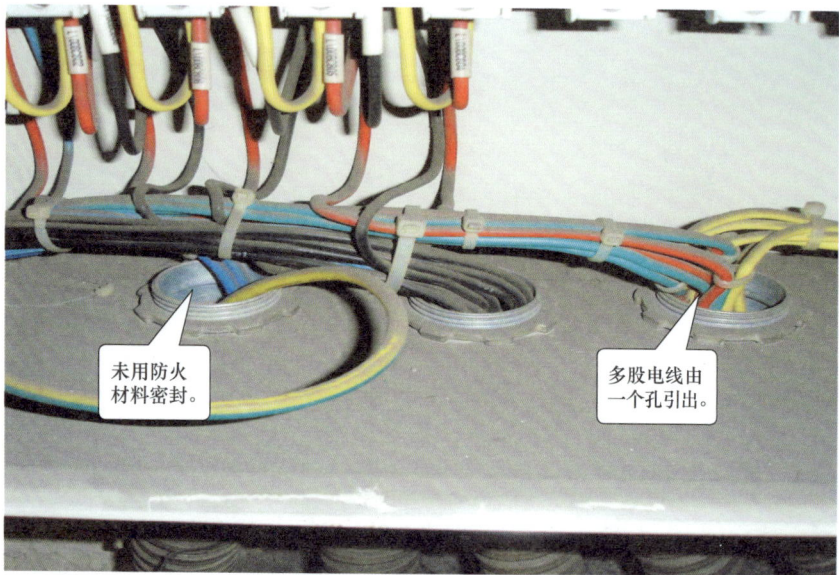

未用防火
材料密封。

多股电线由
一个孔引出。

（175） 电源箱引线容量不够，电源线穿孔处未采取防护措施。

电缆裸露。

电缆套管破损，
电缆裸露。

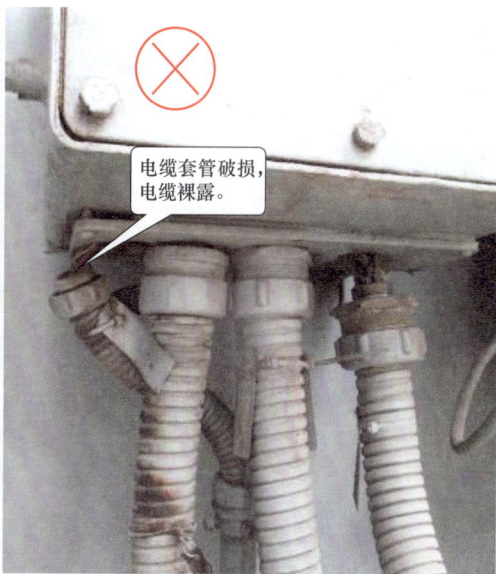

(176) 现场电源电缆裸露。

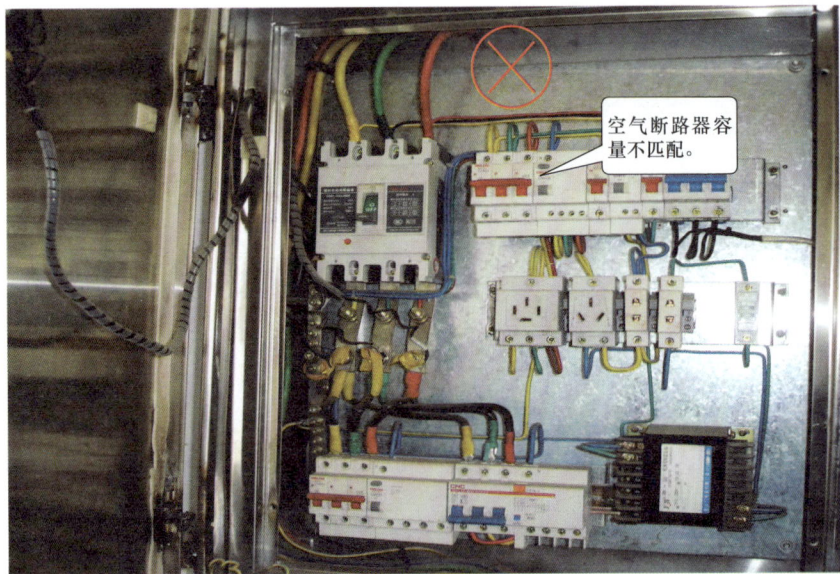

空气断路器容量不匹配。

（177） 现场临时电源箱使用的空气断路器与容量不符。

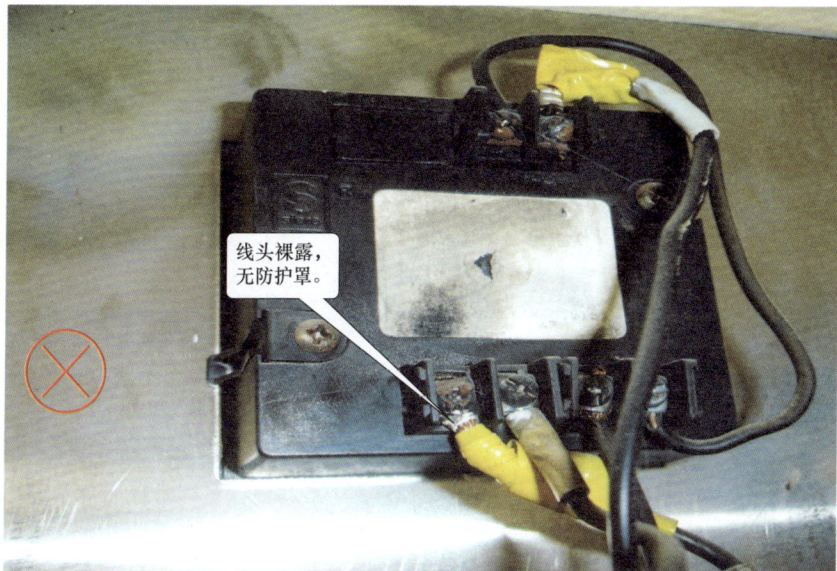

线头裸露，
无防护罩。

(178) 现场临时电源箱内安装的电气设施未使用绝缘板绝缘，隔离
开关没有防护罩，电缆裸露。

铭牌缺失。

（179） 电动机铭牌模糊不清或丢失。

外壳未装设接地线。

(180) 电动机外壳接地线安装不规范或无接地线。

无防护盖。

（181） 现场电气开关设备防护盖不全。

MB-200VA
行灯变压器
特种变压器厂

未装设接地线。

（182） 检修电源箱无接地线，或接地、接零标志不清。

三、装置性违章

4.安全标识

没有转向标志。

（183） 设备安全标识不完整或者错误。

无"由此出入"标示牌。

（184） 容器等有限空间内作业出入口未悬挂标示牌。

无遮栏及安全标示牌。

（185）生产区域内外井、坑、孔、洞无盖板，无相应的安全标志或者标志损坏。

"禁止烟火"标示牌缺失。

(186) 重点防火部位警示牌不全。

无阀门名称、编号。

无设备名称。

（187） 阀门、设备的名称、编号等有误或不全。

无消防通道标示牌。

(188) 消防通道及疏散口无相应的提示标示牌。

管道无色环。

无介质流向标识。

（189） 管道无色环及介质流向标识。

未涂安全
警示色。

（190） 楼梯始级无明显的安全警示标识。

无允许荷载及验收合格标示牌。

（191）脚手架无验收合格牌及允许荷载标示牌。